Bibliografische Information der Deutschen Nationalbibliothek:

Die Deutsche Bibliothek verzeichnet diese Publikation in der Deutschen National-
bibliografie; detaillierte bibliografische Daten sind im Internet über http://dnb.d-
nb.de/ abrufbar.

Impressum:

Copyright © 2015 GRIN Verlag
Druck und Bindung: Books on Demand GmbH, Norderstedt Germany
ISBN: 9783668940864

Dieses Buch bei GRIN:

https://www.grin.com/document/468050

Viktoria Stuffer

Gründe und Auswirkungen der demographischen Entwicklung in Österreich

GRIN Verlag

Gründe und Auswirkungen der demographischen Entwicklung in Österreich

Vorwissenschaftliche Arbeit

Verfasser/in: Viktoria Stuffer

Klasse: 8.B   Abgabedatum: 2015

Gymnasium und Wirtschaftskundliches
Realgymnasium Sacré Coeur
Petersgasse 1, 8010 Graz

Abstract

Die vorliegende Arbeit stellt das Thema „Wandel einer Bevölkerungsstruktur" in den Mittelpunkt. Angefangen mit einer prägnanten Darlegung der Entwicklung der Weltbevölkerung, bezieht sich der Verfasser zunächst auf die Unterschiede zwischen Asien und Europa und nutzt dann den „Schwerpunkt auf Österreich" einleitend für die weiteren Hauptpunkte.

Als Erstes werden die Gründe des Wandels aufgearbeitet und in drei Teilbereiche gegliedert. Die Verbesserung der medizinischen Verhältnisse, der finanzielle Aspekt zur Familiengründung und politische Themen, wie Frauen- und Familienpolitik werden angesprochen.

Als Zweites werden die Auswirkungen angesprochen und im Besonderen drei Punkte behandelt: Finanzierung des Sozialstaats, Probleme des Arbeitsmarkts und die Schwierigkeiten, die beim Pensionssystem zu bewältigen sind.

Die Arbeit endet im Fazit, einer Zusammenfassung, die gleichzeitig auch als Anregung für die Zukunft dienen soll.

Inhaltsverzeichnis

1 Einleitung

Kleider machen Leute – Bevölkerungen machen Länder.

Jeder Aspekt eines Staates kann auf die Bevölkerung zurückgeführt werden. Sei es eine florierende oder stagnierende Wirtschaft. Sei es eine familienfreundliche oder egozentrische Art der politischen Einstellung. Sei es eine ausgefeilte oder die nur notwendigste medizinische Versorgung.

Die Arbeit beschäftigt sich im Grundsatz mit der Demographie im Allgemeinen und beruft sich im Besonderen auf die Entwicklung in Österreich. Nach der Darlegung der Gesamtbevölkerungsentwicklung ab dem 19. Jahrhundert, folgt ein kurzer Einblick in die Unterschiede zwischen dem industrialisierten Europa im Vergleich zu dem sich entwickelnden Asien. Zurückkommend auf Österreich beschäftigen wir uns tiefgreifend mit dem demographischen Wandel, den Hintergründen dazu und den Auswirkungen.

Berichterstattungen, Leitartikel, Online-Studien und zahlreiche Statistiken wurden substantiell ausgewertet und bilden das Fundament dieser Arbeit.

Es wird vermieden jegliche subjektive Betrachtung und Erfahrung aus dem Umfeld des Verfassers einfließen zu lassen. Im Besonderen wurde im Inhalt und in der Ausführung auf eine geschlechtsneutrale Sprache geachtet.

2   Allgemeine demographische Entwicklung

Der Begriff Demographie beschäftigt sich mit sämtlichen Veränderungen einer Bevölkerung. Hierfür sind folgende bedeutende Faktoren ausschlaggebend:

Fertilität	durchschnittliche Kinderzahl einer Frau
Mortalität	die Sterberate
Migration	Zu-/Abwanderungsrate

Wichtig bei jeder Bevölkerungsanalyse ist das Bevölkerungswachstum, das sich aus der Differenz zwischen der Sterbe- und Geburtenrate schließen lässt. All diese Raten sind von der medizinischen, politischen und finanziellen Lage abhängig.

Um einen groben Überblick über die weltweite Entwicklung zu verschaffen ist eine Grafik angeführt. In dieser kann man nicht nur anhand der roten Linie den Verlauf der Bevölkerungszahlen erkennen, sondern auch die genauen Jahreszahlen, in denen die „nächste" Milliarde erreicht wurde, ebenfalls gekennzeichnet der Zeitraum *„pro zusätzliche Milliarde Menschen"*.

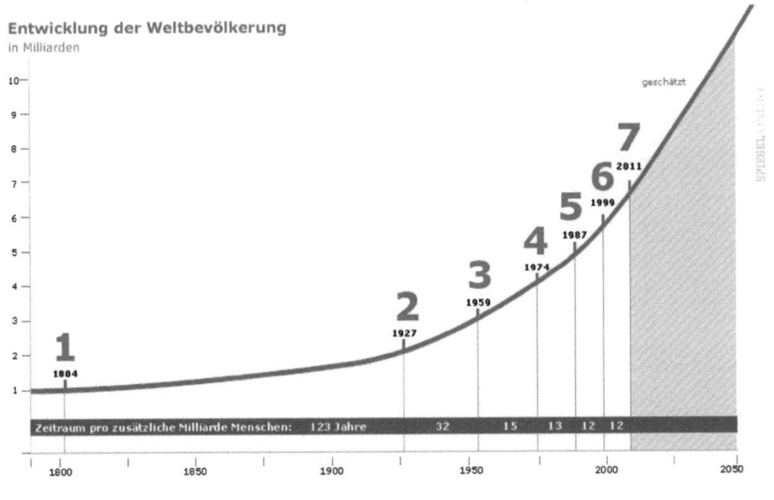

Abbildung 1: Entwicklung der Weltbevölkerung

Bis ins 19. Jahrhundert kommt es fast ausschließlich in den Industrieländern zu Wachstum, da sich durch die Industrialisierung soziale und wirtschaftliche Verhältnisse drastisch verbesserten. Ein weiterer Grund für den explosiven Anstieg der Gesamtpopulation war die Modernisierung der medizinischen Verhältnisse rund 1900.

Ab Mitte des 20. Jahrhunderts ist die Medizin schon so fortgeschritten, dass viele Krankheiten bekämpft werden können. Des Weiteren zielt auch die wesentlich bessere Grundversorgung auf einen Rückgang der Sterberaten. So kommt es auf Grund der gleich hoch gebliebenen Geburtenrate, aber einer verringerten Sterberate in Asien, Lateinamerika und Afrika zu einem massiven Anstieg des Bevölkerungswachstums. Zur Jahrtausendwende kamen 80 Prozent der Weltpopulation aus den Entwicklungsländern. [1]

Obwohl die Kurve in der Grafik weiterhin steil bergauf zeigt wird heute vermehrt versucht das starke Wachstum einzudämmen. Ein besonders auffallendes Bespiel dafür ist die Ein-Kind-Politik in China, die 1979 nach zahlreichen Geburtenkontrollkampagnen und der Zwei-Kind-Politik eingeführt wurde.

---

[1] Vgl. Sinding, Steven: „ Ein Phänomen der Neuzeit" In:
http://www.berlin-institut.org/online-handbuchdemografie/bevoelkerungsdynamik/wachstum-der-weltbevoelkerung.html (dl. 22.02.2015)

2.1 Vergleich Asien – Europa

Nach einer Statistik, bereitgestellt von nations.org[2] (Stand 2011), liegt Asien nicht überraschenderweise auf Platz 1 der bevölkerungsreichsten Kontinente, mit einer Gesamtpopulation von 4,216 Millionen Menschen. Europa hingegen, auf Platz 4, beherbergt rund 740 Millionen.

Es fragt sich warum Europa soweit hinten liegt, da es der Kontinent mit der fortgeschrittensten medizinischen Versorgung ist.

Als Erstes ist die Fläche zu berücksichtigen: Mit einer Fläche[3] von 44,4 Millionen Quadratkilometern hat Asien einen Anteil von 31% der Weltlandfläche[3] bedeckt. Zu beachten ist jedoch, dass auf diesem Kontinenten viele der größten Wüsten, zum Beispiel die Wüste Gobi mit 1,3 Millionen km^2 oder Rub al-Chali mit 780.000 km^2, der größte natürliche See (Kaspische Meer) und eine der längsten Gebirgsketten (Himalaya 3000 Kilometer) vorkommen. Diese Gebiete fallen als bewohnbares Land fast ganz bzw. gänzlich weg.[4]

Europa hingegen bedeckt mit einer Fläche von 9,9 Millionen km^2 nur rund 7 Prozent der Weltlandfäche[3]. Man kann auch hier im Vergleich zu Asien kleine, aber zahlreiche Gebirgszüge wie den Kaukasus, den Alpen oder den Karpaten finden. Zur unbewohnbaren Fläche zählen auch Seen; die zwei Größten in Europa (Ladogasee und Onegasee in der Nähe der Grenze Finnlands) machen zusammen eine Fläche von ungefähr 28,700 km^2 aus.[5]

Als Zweites ist auch die unterschiedliche Fertilitätsrate zu beachten. Anhand von Indien und Österreich soll der weit auseinander klaffende Unterschied veranschaulicht werden.

Laut einer Statistik der de.statista beträgt die Fertilitätsrate in Indien[6] im Jahr 2011 2.51. Dies bedeutet, dass eine Frau in ihrer Lebenszeit durchschnittlich zwischen 2 und 3 Kinder auf die Welt bringt. Während in Österreich[7] die Rate bei 1,43 liegt.

---

[2] Current World Population, In: http://www.nationsonline.org/oneworld/world_population.htm (dl. 22.02.2015)

[3] Geographie, In: http://www.asien.org/wissenswertes/geographie/ (dl. 22.02.2015)

[5] Erdoberfläche, In: http://de.wikipedia.org/wiki/Erdoberfläche (dl. 22.02.2015)

[6] Indien: Fertilitätsrate, In: http://de.statista.com/statistik/daten/studie/170730/umfrage/fertilitaetsrate-in-indien/(dl. 22.02.2015)

[7] Österreich: Fertilitätsrate In: http://de.statista.com/statistik/daten/studie/217432/umfrage/fertilitaetsrate-in-oesterreich/bg-ötg(dl. 22.02.2015)

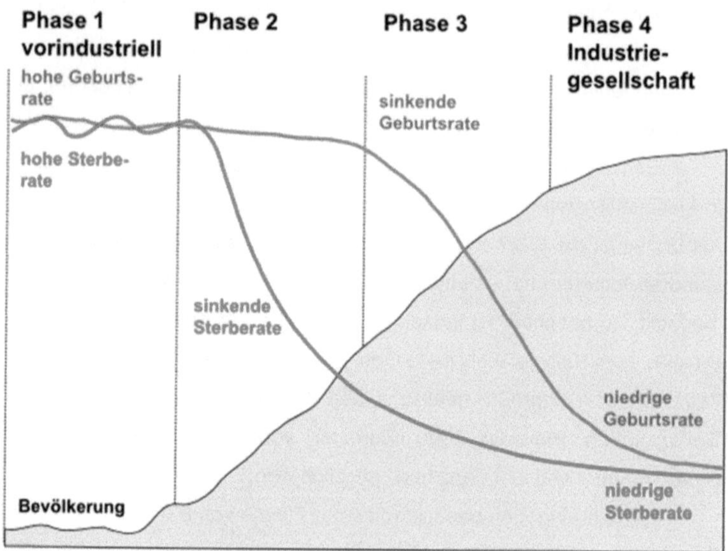

Abbildung 2: Der demographische Übergang

In Abbildung 2 kann man die verschiedenen Phasen der Entwicklung einer Bevölkerungsgruppe erkennen. Pro Phase steigen die hygienischen Umstände, Lebenserwartung steigt, Kindersterblichkeit sinkt, und Geburten- und Sterberate kommen sich immer näher.

Der grau angestrichene Bereich zeigt die Weltbevölkerung an. Die grüne Linie beschreibt die Geburtenrate, die rote die Sterberate.

Umfassend sprechend befindet sich in Asien in Phase 2/3. Auf Grund des Fortschritts in der Medizin sinkt die Sterberate und einen Rückgang der Geburtenrate kann man auch feststellen.

Europa hingegen befindet sich schon am Ende der Phase 4, die in der Abbildung unter der Bezeichnung Industriegesellschaft versehen wird. Die Geburtenrate ist fast annähernd der Sterberate. Dadurch ist das Bevölkerungswachstum minimal. In dieser Phase endet der "demographische Übergang" von hohen zu niedrigen Sterbe- und Geburtenraten. [8]

---

[8] vgl. Hitz, Harald u.a. (Hg): Meridiane 5, Wien, 2013, Seite 77 ff.

2.2   Schwerpunkt auf Österreich

Um die Bevölkerungsstruktur genau beschreiben zu können, möchte ich zunächst eine Bevölkerungspyramide anführen, die die demographische Lage in den Jahren 2013, 2030 und 2060 anzeigt. Die Grafik startet mit dem Lebensjahr 0 und endet mit dem Alter 99.

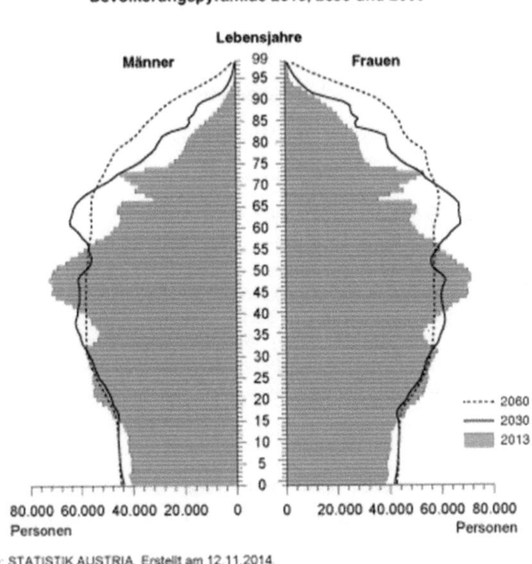

Abbildung 3: Bevölkerungspyramide Österreichs in den Jahren 2013, 2030, 2060

Das Jahr 2013 ist durch die roten Balken dargestellt. Geburtenzahl des weiblichen und männlichen Geschlechts halten sich beide ungefähr bei der 40.000 Grenze auf. Wobei mehr Buben geboren werden als Mädchen. Bis zum Alter von 15 Jahren verändern sich die Werte nicht sonderlich viel, erst ab 20 beziehungsweise 25 kann man einen leichten Anstieg der Bevölkerung in dieser Altersstufe erkennen, der aber bei 35 leicht einknickt. Die breiteste Masse (40- 55) macht auf beiden Seiten den „Bauch" (die längsten Balken) aus und machen ungefähr bis zu 140.000 Personen (Frauen und Männer zusammen) aus. Auch den „Über-60 Jährigen" kann man eine große Gruppe von Personen zuteilen. Die Personenanzahl schwächt hingegen ab 80 wieder ab.

Folgende Prognosen kann man anhand der Grafik aufstellen: Im Jahre 2030 sich der vorhin schon erwähnte „Bauch" etwas nach oben verschieben. Zwar werden die Geburtenzahlen auch etwas steigen, aber es werden weniger erwerbstätig sein und die Gruppe der Pensionisten größer werden. Das beschriebene Phänomen kann man auch deutlich bei der Prognose für 2060 erkennen. Es scheint so als würde man von den gleichen Geburtenzahlen ausgehen, aber die Gruppe der arbeiteten Personen noch weniger und die größte Gruppe die der Rentner sein.

Dieses Phänomen der drastischen Altersstrukturveränderung in einem Land nennt sich demographischer Wandel. In ganz Europa, verstärkt in Industrieländern wie Österreich kann man einen solchen erkennen. In erster Linie wird ein Wandel durch den Rückgang der Geburtenrate zurückgeführt.

> *Man unterscheidet dabei zwei demographische Übergänge: Der erste demographische Übergang führte zur Reduzierung der durchschnittlichen Kinderzahl pro Frau von etwa fünf auf etwa zwei. Beim zweiten demographischen Übergand, der in den 1960er Jahren einsetzte, sank die Kinderzahl unter das Bestandserhaltungsniveau, d.h. eine Generation wird durch die nachfolgende zahlenmäßig nicht mehr vollständig ersetzt.*[8]

Zur Näherführung dieses Wandels, hier der Vergleich der Zahlen der Lebendgeborenen in 1910 und 2010. In 1910 kamen 176.588 Kinder lebend[9] auf die Welt. Hundert Jahre später wurden dagegen „nur" 78,742 Babys[10] geboren. Aufgerundet verringerte sich die Lebendgeburtenrate in Österreich in 100 Jahren um 98.000.

Im Verhältnis dazu machten die „über- 60 Jährigen" 1910 626.066 von einer insgesamten Bevölkerungszahl von ca. 6,6 Millionen Menschen aus. Ein Jahrhundert später gibt es schon fast zwei Millionen nicht mehr erwerbstätige Menschen. Die Gesamtpopulation von Österreich kommt 2011 auf 8,4 Millionen.

Die ältere Bevölkerung macht also 1910 9,4 Prozent und 2011 schon 236 Prozent der Gesamtbevölkerung aus.

---

[9] Zahlen basierend auf Statistik Austria, Lebend- und Totgeborene seit 1871, Jahr 1910, (Stand: 22.02.2015)

[10] Zahlen basierend auf Statistik Austria, Ergebnisse im Überblick: Geborene, Jahr 2010, (Stand: 22.02.2015)

Insbesondere für die Demographie in Österreich sind nicht nur die Geburtenzahlen sondern auch die Migrationsraten ausschlaggebend. Außerordentlich wichtig hier ist auch zwischen Asylant und Migrant zu unterscheiden. Hier sind die Gründe um nach Österreich einzuwandern ausschlaggebend. Droht demjenigen in seinem Herkunftsland Gefahr (Verfolgung, Krieg) gilt er zunächst als Asylwerber und nach der Probe der Richtigkeit der Gefahren als Asylant. Migranten auf der anderen Seite wandern aus persönlichen Gründen, wie Jobinteresse, Familie oder Verbesserung der Lebensbedingungen ein. (vgl [11])

> *Aktuell stammt die größte Gruppe der Migranten in Österreich aus dem europäischen Raum, und hier vor allem aus Deutschland. Während Österreich und andere Länder durch internationale Abkommen verpflichtet sind, Flüchtlingen Schutz vor Verfolgung zu garantieren, können sie frei entscheiden, ob und wie viele Migranten aufgenommen werden sollen.[11]*

Eine Veranschaulichung, um sich vorzustellen wie viele in Österreich tatsächlich eingewandert sind:

Laut dem Statistischen Jahrbuch 2014 vom Österreichischen Integrationsfonds wanderten im Jahr 2013 54.700 Personen ein, was einen Anstieg vom 7,8 Prozent für die Zuwanderung bedeutet. Die Abwanderungsrate blieb zum vorherigen Jahr gleich.

> *Zuwanderung auf hohem Niveau*
>
> *Im Jahr 2013 wanderten beinahe 151.300 Personen nach Öster- reich zu, während zugleich knapp 96.600 das Land verließen. Da- raus ergab sich eine Netto-Zuwanderung von rund 54.700 Perso- nen. Im Vergleich zu 2012 blieb die Abwanderung gleich, während sich die Zuwanderung aber um 7,8% und der Wanderungsgewinn um 24,9% erhöhte.*
>
> *Vgl. Statistisches Jahrbuch 2014, Seite 8*

---

[11] Asylsuchende in Österreich, In: http://www.unhcr.at/unhcr/in-oesterreich/fluechtlingsland-oesterreich/questions-and-answers/asylsuchende-in-oesterreich.html, (dl. 22.02.2015)

3 Gründe für die Veränderung in Österreich

Wie in Kapitel 1 ausführlich erklärt, hat sich die Bevölkerung in Österreich in einigen Punkten verändert und steht jetzt auf folgenden Grundpunkten:

1) Steigende Lebenserwartung
2) Niedrige Fertilität
3) Zunehmende Migration

In folgenden Unterpunkten werden verschiedene Aspekte behandelt, wie es zur jetzigen Situation kommen konnte.

3.1 Steigende Lebenserwartung

Die Medizin im 20. Jahrhundert zeichnet sich aus durch viele neue Behandlungsmethode und wichtige Entdeckungen. Insbesondere für die Gehirnforschung und die Heilung von Krebs. Doch nicht nur fanden die damaligen Ärzte Wege heute einfache Infektionskrankheiten zu bekämpfen, wichtige Fortschritte wurden auch in der Genetik, Chirurgie, Immunabwehr, Radiologie und bei Heilung von Herz-Kreislauf Störungen erreicht.

Ebenfalls von großer Bedeutung ist die Entwicklung von diversen Verhütungsmitteln, die großen Einfluss auf die Familienplanung haben.

3.1.1 Infektionskrankheiten

Grippale Infekte, Syphillis und Streptotokkeninfektionen stellten für die Ärzte kein großes Kopfzerbrechen mehr dar. Hauptgründe dafür waren die verbesserten hygienischen Verhältnisse, die Entwicklung von Antibiotika und Impfstoffen.

Syphilis konnte nun mit dem von Paul Ehrlich neuentdeckten Arsphenamin behandelt werden. Gegen Streptokokkeninfektionen setzte man die Verbindung Prontosil ein. Aktive Bestandteile dieser Verbindung wurden entwickelt und zum ersten Mal als Antibiotika eingesetzt. 1938 kam es zu einer der wichtigsten medizinischen Ereignissen: Biochemiker Howard Florey und Ernst Chain stellten eine Reinform des Penizillins her. Diese wurde sofort mit Ausbruch des zweiten Weltkriegs in Maßen produziert, eigesetzt und verringerte die Zahl der Todesfälle extremst. [15]

---

[15] vgl. Medizin im 20. Jahrhundert, In: http://www.qi-net.de/inf/20Jhrhundert.htm, ff., (dl. 24.02.2015)

In der heutigen Medizin spielt das Kombinationspräparat aus Rifampicin und Isoniazid, damals entwickeltes Mittel gegen Tuberkulose, noch eine außerordentlich große Rolle.

Weitere wichtige Fortschritte wurden erzielt, als die Mikrobiologen John Franklin Enders und Frederick Chapman in Gewebekulturen Viren züchteten und infolge dessen Impfstoffe gegen Geldfieber, Kinderlähmung, Masern, Mumps und Röteln herstellen konnten. Mit gentechnischen Methoden in den Achtzigern wurden die Impfstoffen weiterentwickelt und gezielt gegen Hepatitis, Influenza und Windpocken eingesetzt. Die ersten Forschungen in Richtung eines Impfstoffes gegen Malaria setzten auch ein. Neue Krankheiten wurden gegen Ende des 20. Jahrhunderts entdeckt, wie zum Beispiel Aids oder die Legionärskrankheit. [15]

3.1.2 Immunologie

Blut spenden- Heute eine routinemäßige Durchführung, die keinem Angst macht. Die Grundsteine wurden dafür in der ersten Hälfte des 20. Jahrhunderts gesetzt: Man begann die Wirkung unterscheidlicher Antikörper zu erforschen und kam auf den Entschluss, dass diese Eiweiße wären, die mir Antigenen reagieren. Daraufhin war für die Immunologen klar, dass das Immunsystem *die Ursache einer durch den Rhesusfaktor bedingten Erkrankung sowie der Abstoßungsreaktionen nach Organverpflanzungen* sei. Durch Bestimmung des Rhesusfaktors und der Blutgruppe stellten Bluttransfusionen keine gefährliche Sache mehr da.

Besonders wichtig waren auch die Entdeckungen der Lymphozyten, der weißen Blutkörperchen; diese wären Träger der „zellulären Immunität": So konnte man sich die Entstehung verschiedenster Krankheiten erklären. Damals begonnen, heute weitergeführt- versucht man Patienten, die Krankheitsträger sind, Zellen aus dem Knochenmark eines nahen Verwandten zu injizieren, um sie wieder zu gesunden. [15]

3.1.3 Herzkrankheiten

Die häufigste Todesursache sind wie damals heute noch Herz-Kreislauf-Erkrankungen. Die Wahrscheinlichkeit auf Heilung hat sich aber dank der Forschungsergebnisse stark erhöht. Spezielle Druckmessverfahren, wie zum Bespiel die Herzkathetisierung, Röntgenverfahren (Angiographie) und Bildgebungsverfahren haben dazu beigetragen den Ausmaß der Herzschädigung festzustellen.

Krankheiten, die besonders den Herzmuskel schädigen, wie Angina pectoris werden durch eine neue erforschte Medikamentengruppe, der Betablocker, eingedämmt. Auch werden sie bei Herzrhythmusstörungen und Bluthochdruck verschrieben.

1958 kommt es schließlich zur ersten Implantation eines Herzschrittmachers. Später kommt es auch zu einer „Bypass-Operation", *bei der man verengte Blutgefäße mit Transplantaten überbrückt, zum Ersatz infektionsgeschädigter Herzklappen und zur Korrektur vieler angeborener Herzfehler.*[15] Seit diesem Grundstein nimmt man immer mehr Transplantationen von künstlichen Herzen vor.

Die Ursachen für Herzkrankheiten sind bis heute bekannt: Ungesunde Ernährung, Rauchen, hoher Genuss von Alkohol etc. Diese Risikofatoren waren aber bis Anfang des 21. Jahrhunderts nicht bekannt: *„Allein von 1952 bis 1958 verdoppelte sich die Zahl der Todesfälle durch Herzinfarkt."*

Um diese erschreckenden Zahlen der Herztoden entgegenzuwirken, entwickelte man schnell neue Therapien für Herzkrankheiten, wie z.B. 1950er die Herzkatheteruntersuchung, 1961 der erste Einsatz einer künstlichen Herzklappe, 1967 die erste Herztransplantation vorgenommen von Christiaan Barnard, 1990 das erste Kunstherz für ein Kind für die Überbrückung der Wartezeit auf ein Spenderherz. [16]

---

[16] Heitkamp, Bejamin: „Meilensteine der Herzmedizin", In: http://sprechende-medizin.com/2014/11/05/die-meilensteine-der-herzmedizin-und-der-blick-nach-vorn/ (dl. 25.02.2015)

3.2　Niedrige Fertilität

3.2.1　Verhütungsmittel

Seit der Entwicklung in den 60er Jahren ist die Antibabypille eine der häufigsten eingesetzten Verhütungsmitteln weltweit. Anfänglich wurde sie von den Forschern Carl Djerassi und Luis E. Miramontes als Präperat gegen Mentruationsbeschwerden vermarktet und schließlich 1960 als offizielles Verhütungsmittel verkauft. Infolge dessen lässt sich auf den sogenannten Pillenknick in der zweiten Hälfte der 60er Jahre schließen. Besonders nach der erhöhten Geburtenanzahl in der Baby-Boom Zeit fällt der abrupte Rückgang der Babys besonders auf. [17]

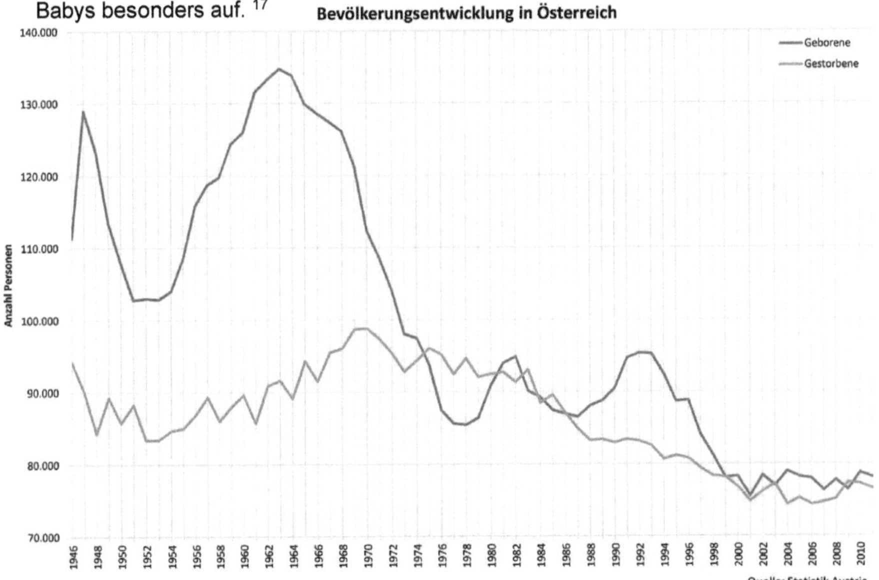

Abbildung 4: Bevölkerungsentwicklung in Österreich

In der oben angeführten Grafik sind in blau die Geborenen und in grün die Verstorbenen im Zeitraum von 1946 und 2010 angegeben. Der Zeitraum, der hier relevant ist, ist der von 1963 bis 1977. Bis 1963 ist die Geburtenzahl stets im Wachstum, doch danach ist ein Abfall deutlich erkennbar. Dieser geht bis 1977, wo die Zahl der Geborenen noch dazu unter der Sterbezahl liegt.

---

[17] Pillenknick, In: http://de.wikipedia.org/wiki/Pillenknick (dl. 23.03.2015)

3.2.2 Finanzielle Planung

Laut eines Artikels der Zeitschrift *Die Presse* sei das Leben besonders in Österreich ausgesprochen teuer. Im Vergleich mit 179 Ländern wäre das Preisniveau um 40,6 Prozent höher. Insbesondere stechen die überdurchschnittlichen Preise für alltägliche Konsumprodukte, wie Kleidung und Nahrung besonders hervor.

Doch nicht nur Lebenserhaltungskosten sind teuer- auch Kinder! Wenn man über durchschnittliche Kosten pro Kind spricht, unterscheidet man grundsätzlich zwischen direkten und indirekten Kosten. Direkte Kosten umfassen all die Ausgaben, die man „absichtlich" für das Kind ausgibt, also alles von Kleidung bis zu Bildung. Diese betragen laut einer Studie des ehemaligen Bundesministeriums für Soziale Sicherheit, Generationen und Konsumentenschutz monatlich 500 Euro.[18]

Indirekte Kosten auf der anderen Seite fasst man für die Zeit auf, in der die Mutter nicht in der Lage ist zu arbeiten. Bei Nichtbeschäftigung kommt eine ungefähre Summe von 240.000 Euro zusammen. (Betrag berechnet sich für ein Einzelkind.)[17]

Der österreichische Sozialstaat stellt familienpolitisch motivierte Transferzahlungen, wie Karenzgeld, Mutter-Kind-Bonus, Familienbeihilfen oder Unterhaltsvorschüsse als Erleichterung für Familien.

Karenzgeld

Unselbstständige Väter und Mütter haben die Möglichkeit auf Karenzzeit. Bedeutet eine Freistellung von der Arbeit bei Entfall des Arbeitsentgelts. Statt dem Lohn wird ihnen ein Kinderbetreuungsgeld ausbezahlt. Maximal darf die Zeit zwei Jahre betragen und frühestens bei acht bzw. zwölf Wochen nach der Geburt des Kindes beginnen. Die Betreffenden können zwischen vier Varianten entscheiden; umso kürzer die Karenzzeit beträgt umso höher ist die ausbezahlte Summe. [19]

---

[18] vgl. Was kosten ein Kind bis zum 18. Lebensjahr?, In: http://www.kindertipps-wien.at/was-kostet-ein-kind-bis-zum-18-lebensjahr (dl. 20.02.2015)
[19] vgl. Kinderbetreuungsgeld, In: http://www.karenz.at/kinderbetreuungsgeld.html (dl. 20.02.2015)

Familienbeihilfe

Die Familienbeihilfe ist in Österreich die wichtigste Unterstützung für Familien. Seit 1992 steht sie unabhängig von der Beschäftigung oder des Einkommens jenen Eltern zu, die österreichische Staatsbürger sind. Grundsätzlich steht dem Elternteil die Beihilfe zu, das den Haushalt führt. In de meisten Fällen ist das die Mutter. Anspruch besteht grundsätzlich für Kinder bis zu dem vollendeten 26. Lebensjahr (in Ausnahmefällen auch bis zum 27.). Dies gilt aber nur für erwerbsfähige Kinder. Behinderte und erwerbsunfähige Kinder erhalten die Familienbeihilfe lebenslang.[19]

Hier liegen drei Betragsstufen[20], nach denen vorgegangen wird auf:

Von **null** bis **drei** Jahren	112,70 Euro
Ab **zehn** Jahren	130,90 Euro
Ab **neunzehn** Jahren	152,70 Euro

Der Sozialstaat bietet auch *Geschwisterstaffelungen*[17] an, wo für jedes „zusätzliche" Kind ein Kostenanschlag besteht.

---

[20] vgl. ÖAAB, Familienbeihilfe, In: http://www.oeaab-sbg.at/images/Familienbeihilfe%20Teil%201.pdf S.42 2.4.2 (dl. 22.02.2015)

Um zu unterstreichen warum all diese Erleichterungen zwar aushelfen, aber es unmöglich ist ein Kind rein aus diesen Geldern zu finanzieren, führe ich an dieser Stelle eine Statistik[21] und die Ergebnisse einer Umfrage[21] der *t-online* an:

Altersgruppe	Monatliche Ausgaben	Insgesamt
Baby und Kleinkind (0-6 Jahre)	468 Euro	33.696 Euro
Schulkinder (7-12 Jahre)	568 Euro	40.896 Euro
Teenager (13-18 Jahre)	655 Euro	47.160 Euro
durchschnittlich	**549 Euro**	

Mit durchschnittlichen 549 Euro pro Monat summieren sich die Gesamtkosten für ein Kind bis zum 18. Lebensjahr bis ungefähr 120.000 Euro.

Die Ergebnisse, die nachstehend angeführt sind, entstanden aus einer Umfrage der Seite. Die Frage, die gestellt worden ist, betrifft die staatliche Unterstützung, ob die genüge oder nicht ausreiche. Diese Umfrage wurde in Deutschland vorgenommen, doch da das Sozialstaatsystem relativ gleich ist sind die Zahlen übernommen worden.

77,4 Prozent der insgesamt 6801 befragten User sagen, es braucht mehr finanzielle Hilfe durch den Staat. 45,2 Prozent gehen dabei davon aus, dass, wenn die Unterstützung größer wäre, mehr Leute Kinder bekämen und 32,2 Prozent finden, dass vor allem die Kinderbetreuung früher einsetzen und kostenlos sein müsste. 22,6 Prozent der Befragten meinen hingegen, dass die gegenwärtige Unterstützung durch den Staat ausreicht: 13,6 Prozent davon begründen das damit, dass jede Familie für ihre Kinder erst einmal selbst verantwortlich ist. Die anderen neun Prozentglauben, dass Kinder tatsächlich gar nicht so viel Geld benötigen und die Ansprüche zu hoch seien.[21]

---

[21] vgl. t-online.de, Was kostet ein Kind? In: http://www.t-online.de/eltern/familie/id_18983912/was-kostet-ein-kind-im-monat-im-jahr-oder-bis-zum-18-lebensjahr-.html (dl. 23.02.2015)

In einer Statistik der Statistik Austria, die die durchschnittliche Kinderzahl pro Familie angibt, kann man diesen Rückgang sehr gut erkennen.

Die Statistik startet vom Jahr 2001 und beschreibt mittels 10- Jahresschritten eine Prognose bis zum Jahr 2060. Folgende drei Spalten sind für diesen Text besonders ausschlaggebend: Familien ohne Kinder im Haushalt; Familien mit Kinder im Haushalt; Durchschnittliche Kinderzahl in Familien insgesamt. Nachstehend werde ich die folgenden Jahreszahlen beschreiben und vergleichen: 2001 ; 2011 ; 2030 ; 2060

Jahr	Familien gesamt	Familien ohne Kinder im Haushalt	Familien mit Kinder im Haushalt	Durchschnittliche Kinderzahl im Familien insgesamt	Familien ohne Kinder im Haushalt in
2001	2.206.151	771.809	1.434.342	1,10	34,98
2011	2.281.372	889.870	1.391.502	1,04	39,01
2030	2.361.657	1.064.045	1.297.612	0,99	45,06
2060	2.332.598	1.062.713	1.269.885	1,01	45,56

Tabelle 1: Durchschnittliche Kinderzahl pro Familie

2001: Von insgesamten 2.206.151 Familien sind 771.809 kinderlos. Das sind circa 35 Prozent. Die durchschnittliche Kinderzahl für alle Familien zusammen beträgt 1,10. Für Familien mit Kinder liegt ein Wert von 1,69 vor. Fazit: Durchschnittlich haben Familien, die sich beschlossen haben Kinder zu bekommen, 1 bis 2 Kinder.

2011: Zehn Jahre später steigert sich der Wert der kinderlosen Familien um 118.061, also um etwa vier Prozent. Das Interessante dabei ist aber, dass zwar die Zahl der Familien mit Kindern abnimmt, aber der Durchschnittswert der Kinder in den Familien stetig zunimmt.

2030: Die Prognose der Statistik Austria rechnet mit einer gesamten Familienanzahl von 2.361.657. Die Zahl der kinderlosen Familien ist hier schon auf 45 Prozent gestiegen. Im Vergleich zum Jahr 2001 eine Steigerung um ganze 10 Prozent. Wie auch schon beim vorherigen Jahr 2011 erwähnt steigert sich auch hier die Zahl der Kinder pro Familie mit Kindern 2030 wird sie auf 1,8 geschätzt.

2060: Die Statistik Austria geht von einer Abnahme der gesamten Zahl der Familien aus. Zwar ist die Abnahme nicht dramatisch sondern beträgt circa 1,23 Prozent im Vergleich mit 2030. Die Haushalte mit und ohne Kinder sind jetzt fast auf gleicher Augenhöhe, wobei die **mit** leicht überwiegen. Mittlerweile ist der Satu der Familien ohne Kinder von 2001 mit einem Prozentsatz von 35 Prozent auf 46 Prozent gestiegen.

3.2.3 Stellung der Frau/ Erwerbstätigkeit

Von der Stellung der Frau ist nach wie vor immer noch die Rede. Ob diese gleichwertig wäre und die Geschlechter auf Augenhöhe stünden. Es ist keine Frage, dass der Staat und somit die Politik sich für die Frau eingesetzt haben. Seit den 70er Jahren liegt ein Hauptpunkt der österreichischen Politik in der Gleichstellung des Geschlechts in Gesellschaft, Bildung und Erwerbsleben. Selbst im Alltag fällt zunehmend auf, dass die meisten Frauen eine Karriere anstreben anstatt einer „Hausfrauenehe" ihr Leben zu widmen. Die Situation hat sich aber noch nicht so weit verbessert, dass die Bürde von Familienplanung mit Vereinbarung von der Berufstätigkeit leichter geworden wäre.

Von einer anderen Sichtweise, als der der Frauen betrachtet, hat diese Schwierigkeit auch durchaus einen Pluspunkt. In der heutigen Zeit sind Familien mit einem Kinderwunsch fast schon gleichgestellt mit denen mit einem. Wenn Frauen gegen sich eine Abtreibung entscheiden und den Beruf aufgeben und ausschließlich auf das Kind aufzupassen würde die Zahl der Kinderlosigkeit doch nicht rasant abnehmen wie angenommen.

In nachstehender Tabelle kann man den Anstieg der Erwerbstätigkeit der Frauen von 1994 bis 2013 herauslesen.

Jahre	Männer und Frauen (alle Altersstufen)	Frauen (alle Altersstufen)	Frauen 15-24	Frauen 65+
1994	57,0 %	46,7 %	56,1 %	2,7 %
2013	58,5 %	53,0 %	50,3 %	3,4 %

Tabelle 2: Erwerbstätigkeit der Frauen 1994 und 2013

Zwischen den Zahlen von 1994 und 2013 liegt bei der Gesamterwerbstätigkeit (Männer und Frauen) ein Anstieg um 1,5 Prozent - fast unverändert. Ein eindeutiger Anstieg von 6,3 Prozent findet man jedoch bei der Erwerbstätigkeit der Frauen (Durchschnitt aller Altersstufen: 15-65+ Jahre). Besonders fällt aber die Abnahme der Zahl der Erwerbstätigen zwischen dem Alter 15 bis 24 auf. Dies kann man auf eine längere Ausbildungszeit zurückführen. Heutzutage besucht fast jeder Jugendlicher nach der Matura noch eine weitere Ausbildung, somit fängt man erst später zum Arbeiten an.

3.3   Migration in Österreich

Die gegenwärtige Situation der Migration in Österreich ist bereits in Kapitel 1 dargelegt. In diesem Unterkapitel möchte ich die Entwicklung der Migration inklusive Gründe und Auswirkungen auf die heutige Situation ab 1960 etwas näherbringen.

1960 werden erstmals Arbeitskräfte aus dem Ausland angeworben. Der Plan dahinter sieht so aus, dass man billigere Arbeiter nach Österreich schafft, diese für einige Zeit bleiben und nach Ablauf dieser Zeit in ihre Heimat zurückkehren. So entsteht der bekannte Begriff „Gastarbeiter". Bis 1968 wandern durchschnittlich circa 6.400 jährlich ein. [22]

Zweites (Türkei) und Drittes (Jugoslawien) Anwerbeabkommen 1964/196 führen schließlich 1966 „ *"Hochphase" im Zuzug ausländischer Arbeitskräfte; wirtschaftliche Hochkonjunktur.*

> *Der jährliche Durchschnitt des Wanderungssaldos beträgt + 23.498. Die "GastarbeiterInnenbeschäftigung" erreicht 1973 mit ca. 230.000 Personen ihren Höhepunkt, das entspricht einem Anteil von 8,7 Prozent am gesamten Arbeitskräftepotential. Bereits seit den 1960er Jahren kommt die Mehrzahl der ArbeitsmigrantInnen nicht über den offiziellen Weg der Anwerbung, sondern reist als TouristIn in Österreich ein, und "repariert" den rechtlichen Status, nachdem ein Arbeitsplatz gefunden ist. Während die Gewerkschaft dieses System der "Touristenbeschäftigung" ablehnt, wird es von der Wirtschaftskammer vehement verteidigt."* [23]

Ab 1974 beendet man die „Touristenbeschäftigung" als erste Maßnahme die starken Einwanderungszahlen von ausländischen Arbeiter zu regulieren. Auf Grund der verschlechterten Wirtschaftslage durch die Ölkrise versucht man von 1977 bis 1984 den ausländischen Anteil des Arbeitskräfteangebots weiter abzubauen. Aber nicht nur die stellt die Ölkrise ein großes Problem für Österreich dar, sondern das fehlgeschlagene „Rotationsprinzip". (Gastarbeiter verbleibt für einen bestimmten Zeitraum in Österreich und reist danach wieder in die Heimat zurück.)

---

[22] Demokratiezentrum Wien, „Arbeitsmigration nach Österreich in der Zweiten Republik", In: http://www.demokratiezentrum.org/wissen/timelines/arbeitsmigration-nach-oesterreich-in-der-zweiten-republik.html (dl. 19.02.2015)
[23] Ebd.

Dieses Prinzip sollte vor dauerndem Aufenthalt schützen und besonders den Nachzug Familienmitglieder der Arbeiter fernhalten. 1984 sind circa 5,1 % aller Arbeitskräfte in Österreich Ausländer.

Es kommt 1958 zur zweiten Migrationsphase; durchschnittliche Wanderungszahl der nächsten drei Jahre + 12,392.

In der wirtschaftlichen Hochphase 1989 bis 1993 erlebt man die Hochphase in der Zuwanderung.

> *„Der jährliche Durchschnitt im Wanderungssaldo beträgt + 67.610. Wirtschaftliche Hochphase. Kriege im ehemaligen Jugoslawien führen zu verstärkter Flüchtlingsmigration nach Österreich. 1994 öffnet Österreich seinen Arbeitsmarkt für jene bosnischen Flüchtlinge, die zwar kein Asyl wohl aber ein "befristetes Aufenthaltsrecht" erhalten hatten. 1998 wird "gut integrierten" Bosnien-Flüchtlingen ein unbefristetes Aufenthaltsrecht zugestanden.“*[24]

1990 wird die sogenannte Bundeshöchstzahl eingeführt, die festlegt, dass weniger als 10 Prozent des Arbeitsmarktes von Ausländern besetzt werden dürfen. (Seit 1994 liegt diese bei rund 8 %.)

1993 tritt ein neues Fremdengesetz ein; dies regelt die jährliche Gesamtquote der Neuzuwanderung. (Der Begriff Quote erlangt ab diesem Zeitpunkt immer mehr an Bedeutung.) Es entstehen auch Gegensätze im Volk: Einerseits veranstaltet die FPÖ zwei Volksbegehren („Antiausländervolksbegehren" und „Österreich zuerst"), andererseits folgt diesen „Lichtermeer", eine Demonstration, die gegen Rassismus steht.

Mit dem EU-Beitritt 1995 haben EU-Bürger die gleichen Aufenthaltsbedingungen und Beschäftigungsbestimmungen wie österreichische Staatsbürger.

1998 schafft das „Integrationspaket" unter der Koalition SPÖ-ÖVP für eine strengere Gesetzeslage. Es wird zwischen befristetem Aufenthalt und dauernder Niederlassung unterschieden.

---

[24] Ebd.

2002 setzt das „Ausländerpaket" ein. Die ÖVP-FPÖ Regierung beschließt:

> *MigrantInnen können nun nach fünf Jahren ununterbrochenem legalem Aufenthalt ein sogenanntes "Niederlassungszertifikat" erhalten, das sie von den Bestimmungen des Ausländerbeschäftigungsgesetzes befreit. [...] Das so genannte "Integrationspaket" (als Teil des "Ausländerpakets") verpflichtet ZuwandererInnen zu Deutschkursen. Bei Nichtbewältigung innerhalb von vier Jahren drohen Sanktionen bis hin zum Verlust der Aufenthaltsgenehmigung.[25]*

Zur Unterstützung der Abwerbung Fachexperten aus dem Ausland führt Österreich 2011 die „Rot-Weiß-Rot- Karte" ein. Das nachstehende Zitat beschreibt den Nutzen der Karte, sowie welche Personen diese erwerben können.

> *Diese Karte ist ein auf 12 Monate befristetes Visum für Drittstaatsangehörige, die besonders gut ausgebildet sind oder in so genannten Mangelberufen arbeiten. Es ist also hauptsächlich von der Bildung des Bewerbers und von den Bedürfnissen des österreichischen Arbeitsmarktes abhängig, ob jemand eine solche Karte bekommt. Auch Familienangehörige eines Bewerbers können die Rot-Weiß-Rot-Karte erhalten und somit in Österreich leben und arbeiten. Die Einführung von einem Punkte-System stützt sich auf die Hoffnung, mehr Facharbeiter zu gewinnen.[26]*

Einem Bericht der „Heute" zufolge:

> *„Die Rot-Weiß-Rot-Card ist bisher eindeutig unter den Erwartungen geblieben. In den nunmehr zwei Jahren des Bestehens wurden nur knapp 3.800 Mal Bewilligungen für qualifizierte Zuwanderer aus dem Nicht-EU-Raum unter diesem Titel ausgestellt. Ursprünglich war man von 8.000 pro Jahr ausgegangen."[27]*

---

[25] Ebd.

[26] Enttäuschende Zahle bei RWR-Card, In:http://www.heute.at/news/politik/art23660,912532 (dl. 19.02.2015)

[27] Demokratiezentrum Wien, „Arbeitsmigration nach Österreich in der Zweiten Republik", In: http://www.demokratiezentrum.org/wissen/timelines/arbeitsmigration-nach-oesterreich-in-der-zweiten-republik.html (dl. 19.02.2015)

4   Auswirkungen für Österreich

Jede Art der Veränderung bringt positive Aspekte, aber auch eine gewisse Problematik mit sich. So zwingt auch der demographische Wandel Österreich in einigen Bereichen umzudenken und sich auf andere Lösungsansätze zu stützen. Besonders in diesen Bereichen:

1) Finanzierung des Sozialstaats
2) Arbeitsmarkt
3) Pensionssystem

4.1   Finanzierung des Sozialstaats

Man spricht dann von einem Sozialstaat, wenn ein großer Teil des BIP für Sozialleistungen für das Volk ausgegeben werden. Seit dem Jahr 1994 bleibt der Anteil der Sozialabgaben mit 29,5 Prozent vom BIP gleich. In Durchschnitt liegen die Werte in Österreich annähernd gleich wie in anderen EU-Mitgliedsstaaten, unterscheiden sich aber in nachstehenden Punkten:[28]

Österreich investiert rund vier Prozent mehr für die Altersversorgung und drei Prozent mehr für die Familie und als der „EU-Durchschnitt". Im Gegenzug dazu liegen wir in Bereichen Arbeitslosigkeit, Krankheit und Invalidität um die zwei Prozent unter dem Durchschnitt.

So dient dieses System als Auffang-Netz vor Armut, Krankheit, Arbeitslosigkeit (etc.) für die Bürger.

Österreich ist bekannt für sein großartiges Versicherungs- und Gesundheitssystem. Dieses ist folgendermaßen organisiert: Das System regelt sich über eine Pflichtmitgliedschaft für alle wichtigen Versicherungen, wie Unfallversicherung,   Pensionsversicherung,   Krankenversicherung, Arbeitslosenversicherung). Die Beträge werden monatlich von Selbstständigen selber eingezahlt und bei unselbstständigen Erwerbstätigen über den Arbeitgeber einbezahlt.[29]

---

[28] vgl. Bevölkerung in Österreich, Irene M. Tazi-Preve, Wien 1999, S. 54 ff
[29] Ebd.

Laut einer Statistik der Statistik Austria betrugen die Gesamteinnahmen im Jahre 2013 95,800 Milliarden Euro, wobei davon 36,4 Prozent von Arbeitsgebersozialbeiträge sind und 35,8 Prozent aus allgemeinen Steuermitteln stammen. Diese ist die Haupteinnahmequellen, dicht gefolgt von Arbeitnehmerbeiträgen mit 20,9 Prozent.

Jahr	Gesamteinnahmen	Arbeitgeber-Sozial-beiträge	Arbeitnehmer-beiträge	Allg. Steuermittel
2013	95.800 Mio.	34.895 Mio.	20.022 Mio.	34.251 Mio.

Tabelle 3: Finanzierung der Sozialausgaben 2013

Die nächste Statistik, auf die ich mich beziehen werde (auch von der Statistik Austria) behandelt die jeweiligen Posten, in die Österreich 2013 für Sozialleistungen investiert hat. Insgesamte Ausgaben sind mit einem Wert von 93,4 Milliarden Euro angegeben. Davon sind 41,5 Milliarden, sprich 44,4 Prozent also fast die Hälfte in den „Alterspot" gekommen. Damit ist das Pensionssystem gemeint. Weitere 25,7 Prozent wandern in die Gesundheitsversorgung. Geld wird auch in den Bereichen Invalidität, Hinterbliebene, Familie und Arbeitslosigkeit ausgegeben.

Jahr	Insgesamt	Davon (Zahlen in Millionen)						
		Krankheit / Gesundheits-versorgung	Invalidität / Gebrechen	Alter	Hinter-bliebene	Familie / Kinder	Arbeits-losigkeit	Wohnen und Soziale Ausgrenzung)
2013	93.420	24.046	6.659	41.459	5.886	8.730	5.095	1.544

Tabelle 4: Ausgaben für Sozialleistungen nach Funktionen 2013

Wie in den Kapitel 1 und 2 schon ausführlich erklärt, steigt der Altersdurchschnitt im österreichischen Volk und wie vorhin erwähnt finanziert man den Sozialstaat aus Mitteln der Arbeitgeber und Steuern. Nun wenn es weniger erwerbstätige Menschen gibt, die Steuer zahlen, wird es auch zukünftig schwierig diesen ausgelasteten Sozialstaat zu finanzieren. Man spricht von verschiedenen Lösungsansätzen: Neue Steuern, stärkere Steuerfinanzierung, höheres Pensionsantrittsalter, Budgetkonsolidierung, Sparkurs etc.

Dies wird in Österreich einer der größten Probleme darstellen, da die Steuerzahler durchaus schon ausgelastet sind und neue Steuern einzuführen mit großer Wahrscheinlichkeit Unzufriedenheit und Widerstand hervorrufen wird.

4.2   Arbeitsmarkt

Tabelle 5: Jahresdurchschnittsbevölkerung in den Jahren 2002 und 2012

Jahr	Insgesamt	20-64 (Alter)	65+ (Alter)
2002	8.082.121	5.008.716	1.249.833
2012	8.426.311	5.209.025	1.512.261

Tabelle 6: Erwerbstätige im Alter 15-64; 65+

Jahr	Insgesamt	15-64 (Alter)	65+(Alter)
2002	3.762.100	3.731.500	30.700
2012	4.183.800	4.109.500	74.400

Die oben angeführten Tabellen zeigen einmal den Bevölkerungsschnitt in den Jahren 2002 und 2012 bzw. die Erwerbstätigen in den Altersgruppen 15-64 und 65 oder höher in den selben Jahren.

Eines fällt bei den Erwerbstätigen besonders auf: Die Steigerung der erwerbstätigen Über-65-Jährigen. Genau dieses Phänomen der immer mehr werdenden Älteren stellt ein großes Problem für den Arbeitsmarkt dar. Die länger dauernde Ausbildung und das frühe Pensionsantrittsalter führt zu einer Verminderung der tatsächlich Erwerbstätigen. Dies stellt nicht nur für den

Arbeitsmarkt eine Schwierigkeit auf, sondern auch für das staatliche Pensionssystem (siehe 3.3 Pensionssystem).

Man geht hier von dem Lösungsansatz aus, Erwerbstätige länger in Beschäftigung zu behalten, damit sie erst später bzw im höheren Alter in die Pension gehen. Ein Schlüsselelement hier ist die ökonomische Abhängigkeitsquote.

Definition der ökonomischen Abhängigkeitsquote:

> *Zahl der BezieherInnen von Transfer-/Einkommensersatz- leistungen (z.B. Pension, Arbeitslosengeld) in Relation zur Zahl der Erwerbstätigen* [32]

Das Ziel ist es diese Quote möglichst niedrig zu halten, indem man versucht eine möglichst große Zahl von Menschen aller Altersgruppen in das Erwerbsleben zu integrieren und sie länger im Erwerbsleben zu halten (...).

„Die aktuelle Beschäftigungsquote von 66,4 % im Jahr 2010 zeigt ganz klar, dass in Österreich (ebenso wie in fast allen anderen EU-Ländern) ein erhebliches Potenzial zur Steigerung der Beschäftigungsquoten und damit zur Dämpfung des Anstiegs der ökonomischen Abhängigkeitsquote gegeben ist –durch Reduktion der Arbeitslosigkeit, durch längeren Verbleib der Älteren in Beschäftigung, durch Abbau von Qualifikationsdefiziten, durch Schaffung einer besseren Vereinbarkeit von Beruf und Familie, durch Reduktion der hohen Invalidisierungsraten, durch Schaffung alternsgerechter Arbeitsplätze, etc. Sehr wichtig für eine möglichst weitgehende Eindämmung des Anstiegs der ökonomischen Abhängigkeitsquote ist auch eine besser Arbeitsmarkt- Integration der Menschen mit Migrationshintergrund. „ [33]

---

[32] Bad ischler Dialog 2011, Bad Ischl, 2011· In:
http://www.sozialpartner.at/sozialpartner/badischl_2011/2011-10-07Studie%20konsolidiertEndg.pdf (dl. 15.01.02015)
[33] Ebd.

4.3   Pensionssystem

Das österreichische Pensionssystem beruht auf einem 3-Säulen System.

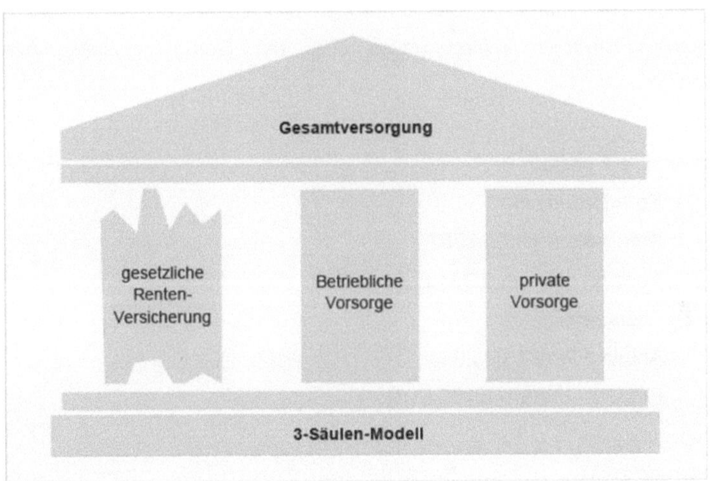

Abbildung 5: 3 - Säulen des Pensionssystems

1.Säule

Die staatliche Pensionsvorsorge bezieht auf den sogenannten „Generationenvertrag". Das heißt die heute Erwerbstätigen zahlen für die heutigen Pensionisten; sprich: Eine Generation wird immer von der nachfolgenden finanziert. Großes Problem hierbei, wie in 3.2 schon angesprochen, sind die ansteigenden Zahlen der Pensionsbezieher.

Auch die Höhe der Pension kann zum Verhängnis werden. Die Pensionshöhe errecht sich wie folgt: Geburtsdatum, Versicherungsmonate, Letzteinkommen.

Die Arbeiterkammer Österreichs bietet einen Pensionsrechner an. Hier ein Beispiel wie eine Pension eines heutigen 18-Jährigen in Zukunft ausschauen wird:

<u>**Angegebene Daten**</u>

Geburtsdatum: 19/04/1995 (18 Jahre alt)

Geschlecht: Mann

Versicherungsjahre: 32

Kontogutschrift monatlich: 172,00 (geringfügig Angestellter)

Aktuelles Bruttoeinkommen (muss über der Gerungfügigkeitsgrenze sein!): 1800,00

Berechnete Pension:

1) Korridorpension:

    Antrittsalter- 01.05.2057

    Pension (brutto)- 2.364 EUR.-

2) Alterspension:

    Antrittsalter- 01.05.2060

    Pension (brutto)- 3.105 EUR.-

Erklärung zu 1)

Der Staat versucht Frühpensionen abzuschaffen, damit das Erwerbsvolk länger in Beschäftigung bleibt. Es gibt dennoch die Möglichkeit der Korridorpension, um früher in Pension gehen zu können. Zwei entscheidende Faktoren sind: Versicherungsmonate und der Geburtsjahrgang (vor oder nach 1955). Wie man jedoch in der Darlegung der Rechnung erkennen kann, gibt es bei der dieser Art der Frühpension ein Abzug von Geld. [34]

---

[34] vgl. Früher in Pension, In:
http://www.arbeiterkammer.at/beratung/arbeitundrecht/pension/pensionsformen/Frueher_in_Pens ion.html (dl. 18.01.2015)

2. Säule

Unter der betrieblichen Pensionsvorsorge versteht man die Pensionskasse. Diese ist zu Pensionsantritt schon eingezahlt und hängt nicht mehr von der jüngeren Generation ab.

Hier zahlt der Dienstgeber Beiträge für die Beschäftigten in eine Pensionskasse ein. Darüber hinaus können die Mitarbeiterinnen auch freiwillig „Eigenbeiträge" an die Pensionskassen leisten und so ihre künftigen Ansprü- che aus der Betriebspension weiter erhöhen. [...] Arbeitgeberbeiträge für Betriebspensionen sind lohnsteuer- und sozialversiche- rungsbeitragsfrei. Beschäftigte, die darüber hinaus freiwillig zusätzliche „Eigenbeiträge" an die Pensionskasse leisten, um ihre Betriebspension noch zu erhöhen, dürfen sich über deut- liche Steuerbegünstigungen und Prämien für diese eigenen Zahlungen freuen.[35]*

Diese Säule dient regelrecht einer Festigung des Pensionssystems – Hilfe zu einem stabilen System.

3. Säule

Wie auch in der Abbildung gezeigt, ist die 3. Säule eine Ergänzung zur staatlichen und betrieblichen Pensionsvorsorge. Unter diese Kategorie fällt alles von Sparbüchern zu privaten Pensionsversicherungen.

Die Problematik die zukünftig entstehen wird, ist der Generationenvertrag. Trotz der geringen Geburtenzahlen für die vielen Pensionisten aufkommen zu können wird mit Sicherheit eine Schwierigkeit darstellen.

---

[35] Aiglsperger, Otto, „Pensionen in Österreich", In:
http://www.bundespensionskasse.at/fileadmin/downloads/GOED_Magazin_Ausgabe_6_2013-09_HP.pdf (dl. 18.01.2015)

5   Fazit

Mehr Alte – weniger Junge. Mit dieser Problematik setzt sich diese Arbeit auseinander. Die Gründe? Die Geburtenrate ist annähernd gleich der Sterberate und vor allem die österreichische Bevölkerung wächst fast nur mehr auf Grund der Zuwanderung.

Heute versucht die Politik mit Unterstützungspaketen Paare zum Kinder kriegen anzuregen, denn fällt die Geburtenrate weiter steht man vor großen Problemen:

Das gesamte Pensionssystem, der sogenannte Generationenvertrag, gerät außer Kontrolle. Die erste und wichtigste Säule „staatliche Pensionsversicherung" stützt sich auf diesen Vertrag, der aussagt, dass die aktuelle erwerbstätige Bevölkerung die Pensionen der vorherigen Generation finanziert. Die hier für erforderlichen Zahlen im Verhältnis zu einander (Erwerbstätigen und Pensionisten) müssen im kalkulierten Verhältnis stehen.

Direkt damit verbunden ist das Problem des Arbeitsmarkts. Man muss einen Weg finden Erwerbstätige länger in Beschäftigung zu behalten, da durch eine längere Ausbildung und das frühe Pensionsantrittsalter, die Zeit der effektiven Beschäftigung zu kurz ist.

Des Weiteren darf der Staat nicht vergessen werden. Österreich hat ein Auffangnetz für Bürger in sozialen Notständen (zB. Krankheit, Unfall,..). Dies finanziert sich vor allem durch die Beiträge der Arbeitenden und aus dem allgemeinen Steueraufkommen. Es versteht sich warum eine Verringerung der Personen, die Beiträge leisten, sich verheerend für den österreichischen Sozialstaat auswirkt.

Eines der größten Probleme während des Verfassens der Arbeit war die Aktualität der Zahlen, denn eine Bevölkerung befindet sich stetig in Bewegung.

Auch eine Hürde stellte sich mir in Form der Sachlichkeit des Inhalts. Speziell dieses Thema lässt keinen Freiraum für eigene Meinung oder subjektive Schlüsse.

Literaturverzeichnis

Sinding, Steven: „ Ein Phänomen der Neuzeit" In:
 http://www.berlin-institut.org/online-
handbuchdemografie/bevoelkerungsdynamik/wachstum-der-
weltbevoelkerung.html (dl. 22.02.2015)

Current World Population, In:
http://www.nationsonline.org/oneworld/world_population.htm (dl. 22.02.2015)

Geographie, In: http://www.asien.org/wissenswertes/geographie/ (dl. 22.02.2015)

Erdoberfläche, In: http://de.wikipedia.org/wiki/Erdoberfläche (dl. 22.02.2015)

Indien: Fertilitätsrate, In:
http://de.statista.com/statistik/daten/studie/170730/umfrage/fertilitaetsrate-in-
indien/(dl. 22.02.2015)

Österreich: Fertilitätsrate In:
http://de.statista.com/statistik/daten/studie/217432/umfrage/fertilitaetsrate-in-
oesterreich/bg-ötg(dl. 22.02.2015)

Hitz, Harald u.a. (Hg): Meridiane 5, Wien, 2013, Seite 77 ff.

Zahlen basierend auf Statistik Austria, Lebend- und Totgeborene seit 1871, Jahr
1910, (Stand: 22.02.2015)

10 Zahlen basierend auf Statistik Austria, Ergebnisse im Überblick: Geborene,
Jahr 2010, (Stand: 22.02.2015)

Asylsuchende in Österreich, In: http://www.unhcr.at/unhcr/in-
oesterreich/fluechtlingsland-oesterreich/questions-and-answers/asylsuchende-in-
oesterreich.html, (dl. 22.02.2015)

Medizin im 20. Jahrhundert, In: http://www.qi-net.de/inf/20Jhrhundert.htm, ff., (dl.
24.02.2015)

Heitkamp, Bejamin: „Meilensteine der Herzmedizin", In: http://sprechende-
medizin.com/2014/11/05/die-meilensteine-der-herzmedizin-und-der-blick-nach-
vorn/ (dl. 25.02.2015)

Pillenknick, In: http://de.wikipedia.org/wiki/Pillenknick (dl. 23.03.2015)

Was kosten ein Kind bis zum 18. Lebensjahr?, In: http://www.kindertipps-
wien.at/was-kostet-ein-kind-bis-zum-18-lebensjahr (dl. 20.02.2015)

Kinderbetreuungsgeld, In: http://www.karenz.at/kinderbetreuungsgeld.html (dl.
20.02.2015)

ÖAAB, Familienbeihilfe, In: http://www.oeaab-
sbg.at/images/Familienbeihilfe%20Teil%201.pdf S.42 2.4.2 (dl. 22.02.2015)
t-online.de, Was kostet ein Kind? In: http://www.t-
online.de/eltern/familie/id_18983912/was-kostet-ein-kind-im-monat-im-jahr-oder-
bis-zum-18-lebensjahr-.html (dl. 23.02.2015)

Demokratiezentrum Wien, „Arbeitsmigration nach Österreich in der Zweiten
Republik", In:
http://www.demokratiezentrum.org/wissen/timelines/arbeitsmigration-nach-
oesterreich-in-der-zweiten-republik.html (dl. 19.02.2015)

Enttäuschende Zahle bei RWR-Card,
In:http://www.heute.at/news/politik/art23660,912532 (dl. 19.02.2015)

Bevölkerung in Österreich, Irene M. Tazi-Preve, Wien 1999, S. 54 ff

Bad ischler Dialog 2011, Bad Ischl, 2011, In:
http://www.sozialpartner.at/sozialpartner/badischl_2011/2011-10-
07Studie%20konsolidiertEndg.pdf (dl. 15.01.02015)

Früher in Pension, In:
http://www.arbeiterkammer.at/beratung/arbeitundrecht/pension/pensionsformen/Fr
ueher_in_Pension.html (dl. 18.01.2015)

Aiglsperger, Otto, „Pensionen in Österreich", In:
http://www.bundespensionskasse.at/fileadmin/downloads/GOED_Magazin_Ausga
be_6_2013-09_HP.pdf (dl. 18.01.2015)

Tabellenverzeichnis

Abbildungsverzeichnis

Abbildung 1: Entwicklung der Weltbevölkerung

Online im Internet:

„Url: http://www.spiegel.de/wissenschaft/mensch/bevoelkerungswachstum-die-welt-ist-nicht-genug-a-794203.html

[Stand 25.02.2015]"

Abbildung 2: Der demographische Übergang

Online im Internet:

„Url: http://www.oekosystem-erde.de/html/bevoelkerungszunahme.html

[Stand 25.02.2015]"

Abbildung 3: Bevölkerungspyramide Österreichs in den Jahren 2013, 2030, 2060

Online im Internet:

„Url:http://www.statistik.at/web_de/statistiken/bevoelkerung/demographische_prognosen/bevoelkerungsprognosen/027331.html

[Stand 25.02.2015]"

Abbildung 4: Bevölkerungsentwicklung in Österreich

Online im Internet:

„Url:

http://de.wikipedia.org/wiki/Pillenknick#mediaviewer/File:Bevoelkerungsentwicklung_in_Oesterreich.jpg

[Stand: 25.02.2015]"

Abbildung 5: 3-Säulen des Pensionssystems

Online im Internet:

„Url: http://www.grin.com/de/e-book/232336/die-nachhaltige-pensionsvorsorge-in-oesterreich-versicherungssparen-oder

[Stand: 25.02.2015]"